四川省工程建设地方标准

EPS 钢丝网架板现浇混凝土外墙外保温系统技术规程

Technical specification for external thermal insulation system based on EPS board with metal net in cast-in-situ concrete

DBJ51/T 5062-2013

主编单位：成都建筑工程集团总公司
批准部门：四川省住房和城乡建设厅
施行日期：2013 年 10 月 1 日

西南交通大学出版社

2013　成都

图书在版编目（CIP）数据

EPS 钢丝网架板现浇混凝土外墙外保温系统技术规程 / 成都建筑工程集团总公司主编. —成都：西南交通大学出版社，2013.9（2015.1 重印）
 ISBN 978-7-5643-2507-7

Ⅰ. ①E… Ⅱ. ①成… Ⅲ. ①钢丝网水泥结构 – 外墙 – 保温 – 现浇混凝土施工 – 技术规范 Ⅳ. ①TU111.4-65

中国版本图书馆 CIP 数据核字（2013）第 180224 号

EPS 钢丝网架板现浇混凝土外墙外保温系统技术规程

主编　成都建筑工程集团总公司

责任编辑	杨　勇
助理编辑	姜锡伟
封面设计	原谋书装
出版发行	西南交通大学出版社
	（四川省成都市金牛区交大路 146 号）
发行部电话	028-87600564　028-87600533
邮政编码	610031
网　　址	http://www.xnjdcbs.com
印　　刷	成都蓉军广告印务有限责任公司
成品尺寸	140 mm × 203 mm
印　　张	2
字　　数	49 千字
版　　次	2013 年 9 月第 1 版
印　　次	2015 年 1 月第 2 次
书　　号	ISBN 978-7-5643-2507-7
定　　价	18.00 元

图书如有印装质量问题　本社负责退换
版权所有　盗版必究　举报电话：028-87600562

四川省住房和城乡建设厅关于发布四川省工程建设地方标准《EPS钢丝网架板现浇混凝土外墙外保温系统技术规程》的通知

川建标发〔2013〕315号

各市州及扩权试点县住房城乡建设行政主管部门，各有关单位：

由成都建筑工程集团总公司修编的《EPS钢丝网架板现浇混凝土外墙外保温系统技术规程》，已经我厅组织专家审查通过，现批准为四川省推荐性工程建设地方标准，编号为：DBJ51/T 5062-2013，自2013年10月1日起在全省实施。原地方标准《EPS钢丝网架板现浇混凝土外墙外保温系统技术规程》(DB51/T 5062-2008)于本标准实施之日起同时作废。

该标准由四川省住房和城乡建设厅负责管理，成都建筑工程集团总公司负责技术内容解释。

四川省住房和城乡建设厅
2013年6月17日

前 言

本规程是根据四川省住房和城乡建设厅《关于下达 2012 年四川省工程建设地方标准修订计划的通知》（川建标发〔2012〕5 号）的要求，由成都建筑工程集团总公司会同有关单位共同对原四川省地方标准《EPS 钢丝网架板现浇混凝土外墙外保温系统技术规程》DB51/T 5062-2008 进行修订而成的。

在本规程的修订过程中，修订组经广泛调查研究，认真总结实践经验，参考有关国家标准及相关规定，并在征求意见的基础上，修订本标准，最后经审查定稿。

本标准共分 7 章，主要内容包括：总则、术语、基本规定、性能要求、系统构造和技术要求、施工、施工质量验收和附录。

本次修订的主要技术内容是：

1. 将标准的适用范围限制至建筑高度不大于 100 m 的居住建筑和高度不大于 24 m 的公共建筑；

2. 将 EPS 板材燃烧性能由 B_2 级修改为 B_1 级，导热系数指标小于或等于 0.041 W/(m·K) 修改为 0.038 W/(m·K)；

3. 取消系统性能指标中的火反应性指标，增加系统燃烧性能指标；

4. 取消了界面砂浆压剪粘结强度性能指标，对拉伸粘结强度性能指标进行了修订；

5. 增加了外墙抹灰材料、饰面砖及涂料主要性能指标的要求；

6. 对 EPS 钢丝网架板进场复检检查数量进行了修订；

7. 调整了施工工艺流程，将阴阳角以外拼缝处的扎丝绑扎间距由 150 mm 改为 300 mm。

本规程由四川省住房和城乡建设厅负责管理，成都建筑工程集团总公司负责具体技术内容的解释。执行过程中，请各单位注意总结经验，如有意见和建议，请寄送成都建筑工程集团总公司（地址：成都市八宝街111号527A室，邮编：610031，邮箱：cdjgjt@163.com，电话：028-61988825）。

本规程主编单位、参编单位和主要起草人名单：

主　编　单　位：成都建筑工程集团总公司

参　编　单　位：成都市墙材革新建筑节能办公室
　　　　　　　　成都市建设工程质量监督站
　　　　　　　　四川省建筑设计院
　　　　　　　　成都市第二建筑工程公司
　　　　　　　　成都龙郡节能建材有限公司

主　要　起　草　人：张　静　赵建华　储兆佛　张仕忠　章一萍
　　　　　　　　　　甘　鹰　曾　伟　李　维　冯身强　刘　刚
　　　　　　　　　　徐　炜　黄　振　王　旭

主要审查人员：秦　钢　黄光洪　刘　民　毕　琼　王其贵
　　　　　　　于　忠　陈　淮

目 次

1 总则 ··· 1
2 术语 ··· 2
3 基本规定 ·· 3
4 性能要求 ·· 4
   4.1 原材料 ·· 4
   4.2 制品 ··· 8
   4.3 系统性能要求 ·· 10
   4.4 检验与验收 ·· 11
5 系统构造和技术要求 ··· 12
   5.1 系统构造 ·· 12
   5.2 技术要求 ·· 14
6 施工 ·· 20
   6.1 施工准备 ·· 20
   6.2 施工工艺 ·· 20
   6.3 成品保护 ·· 29
7 施工质量验收 ·· 30
附录 A 检验批质量验收记录 ·· 33
附录 B 分项工程质量验收记录 ··· 37
本规程用词说明 ·· 38
引用标准名录 ·· 39
附：条文说明 ·· 40

Contents

1 General provisions ··· 1
2 Terms ··· 2
3 Basic regulations ·· 3
4 Performance requirements ·· 4
    4.1 Raw materials ··· 4
    4.2 Products ··· 8
    4.3 Performance requirements for the system ·········· 10
    4.4 Inspection and acceptance check ······················· 11
5 System structure and technical requirements ············· 12
    5.1 System structure ·· 12
    5.2 Technical requirements ··································· 14
6 Construction ·· 20
    6.1 Construction preparation ································· 20
    6.2 Construction technology ································· 20
    6.3 Protection for finished products ························ 29
7 Acceptance check for construction quality ················ 30
Appendix A Acceptance check records for inspection lot quality ··················· 33
Appendix B Acceptance check records for individual inspection ··················· 37
Explanation of wording in this code ····························· 38
List of quotation standards ··· 39
Addition: explanation of provisions ···························· 40

1 总　则

1.0.1 为规范 EPS 钢丝网架板现浇混凝土外墙外保温工程的技术要求，统一工程施工质量验收标准，保证工程质量，制定本规程。

1.0.2 本规程适用于抗震设防烈度为 8 度及 8 度以下、建筑高度不大于 100 m 的居住建筑和高度不大于 24 m 的公共建筑，且为现浇混凝土结构的外墙外保温工程。

1.0.3 EPS 钢丝网架板现浇混凝土外墙外保温系统工程除应符合本规程的要求外，尚应符合国家和四川省现行相关标准的要求。

2 术 语

2.0.1 EPS 钢丝网架板现浇混凝土外墙外保温系统 external thermal insulation system based on EPS board with metal net in cast-in-situ concrete

将 EPS 钢丝网架板置于外模板内侧与混凝土现浇成型的外墙外保温系统，由混凝土、保温层、抹灰层、饰面层构成。

2.0.2 保温层 thermal insulation layer

由保温材料组成，在保温系统中起保温作用的构造层，即 EPS 钢丝网架板。

2.0.3 饰面层 finish coat

外保温系统外装饰层，饰面层可分为面砖饰面、涂料饰面。

2.0.4 EPS 板 expanded polystyrene board

由可发性聚苯乙烯珠粒经加热预发泡后在模具中加热成型而制得的具有闭孔结构的聚苯乙烯泡沫塑料板材。

2.0.5 EPS 钢丝网架板 EPS board with metal network

由 EPS 板内插腹丝，外侧焊接钢丝网构成的三维空间网架芯板。

2.0.6 界面砂浆 interface treating mortar

由水泥、砂、聚合物胶结料、添加剂等组成，在 EPS 钢丝网架板双面喷涂，用以改善 EPS 板与基层及抹灰层粘结性的聚合物水泥胶浆。

3 基本规定

3.0.1 EPS 钢丝网架板现浇混凝土外墙外保温系统,应适应钢筋混凝土的正常变形而不产生裂缝和空鼓。

3.0.2 EPS 钢丝网架板现浇混凝土外墙外保温系统,应能将系统自重等荷载有效可地靠传递到主体结构上。

3.0.3 EPS 钢丝网架板现浇混凝土外墙外保温系统,应能耐受室外气候的长期反复作用而不产生破坏。

3.0.4 EPS 钢丝网架板现浇混凝土外墙外保温系统,应有防水性能。

4 性能要求

4.1 原材料

4.1.1 EPS 钢丝网架板现浇混凝土外墙外保温工程使用的材料必须符合设计要求及国家现行有关标准的要求，并提供质量证明书和检验合格报告。

4.1.2 EPS 板加工前，陈化时间必须符合国家现行有关标准的要求，EPS 板材料的性能应符合表 4.1.2 的规定。

表 4.1.2 EPS 板主要性能要求

项 目	性能要求
表观密度（kg/m^3）	20～22
导热系数[$W/(m·K)$]	≤0.038
压缩强度（MPa）	≥0.10
抗拉强度（MPa）	≥0.10
尺寸稳定性（%）	≤0.50
燃烧性能	B_1 级

4.1.3 EPS 钢丝网架板的钢丝网片、附加钢丝网与斜插腹丝应采用冷拔热镀锌低碳钢丝，钢丝的主要性能应符合表 4.1.3 的要求。

表 4.1.3 钢丝的主要性能要求

直径（mm）	抗拉强度（N/mm^2）	冷弯试验反复弯曲（180°，次）	镀锌层质量（g/m^2）	用途
2.0	≥550	≥6	≥122	网片经、纬丝
2.2				网片经、纬丝、斜插腹丝
2.5				斜插腹丝

4.1.4 界面砂浆的性能指标应符合表 4.1.4 的要求。

表 4.1.4 界面砂浆的主要性能要求（MPa）

项 目			性能指标
拉伸粘结强度	与水泥砂浆试块	标准状态（14 d）	≥0.5
		浸水后（7 d）	≥0.3
	与 EPS 板	标准状态（14 d）	≥0.10
		浸水后（7 d）	≥0.10

4.1.5 耐碱玻璃纤维网布主要性能应符合表 4.1.5 的要求。

表 4.1.5 耐碱玻璃纤维网布主要性能要求

项 目	性能要求
单位面积质量（g/m^2）	>160
拉伸断裂强力（经、纬向）（N/50 mm）	≥1300
拉伸断裂强力保留率（%）	≥75
断裂伸长率（%）	≤4

4.1.6 增强材料

1 附加平网、角网等附加钢丝网的材质、网孔尺寸、钢丝直径等应与钢丝网架板钢丝网的规格相同。

2 锚固钢筋宜采用"U"形 Φ6 钢筋，用于 EPS 钢丝网架板与混凝土外墙的辅助锚固，锚固钢筋混凝土外的部分应刷防锈漆二道。

4.1.7 抹灰层材料

抹灰材料应采用水泥砂浆，强度等级应符合设计要求，其主要性能应符合表 4.1.7 的要求。

表 4.1.7 抹灰材料主要性能要求

项目		指标
凝结时间（拌和物性能）(h)	干混抹灰砂浆	3~12
	湿拌抹灰砂浆	4~16
拉伸粘结强度（硬化砂浆性能）(MPa)	14 d	≥0.2
	28 d	≥0.5
抗渗压力（28 d）(MPa)		≥0.6
压折比		≤3.0

4.1.8 饰面层

1 面砖饰面

1）建筑外墙采用饰面砖时，饰面砖宜采用通体砖，面砖粘贴面应带燕尾槽，并不得带有脱模剂。饰面砖的主要性能应符合表 4.1.8.1-1 的要求，其他技术性能应符合现行相关标准要求。

表 4.1.8.1-1 饰面砖主要性能要求

项目		指标
吸水率 E（%）	干压砖	≤0.5
	挤压砖	≤3
抗冻性		100次冻融循环无破坏
断裂模数（MPa）		≥35
抗热震性		不出现炸裂或裂纹
单位面积质量（kg/m²）		<12

2）每块面砖的尺寸应符合表 4.1.8.1-2 的要求。

表 4.1.8.1-2 饰面砖规格

饰面砖外墙高度（m）	饰面砖尺寸规定限值（mm）	单块面积规定限值（cm²）	单块厚度（mm）
≤12	最长边≤240	最大面积≤410	≤10
≤60	≤45×95	最大面积≤50	<6
>60	≤45×45	最大面积≤25	≤5

2 涂料饰面

1）建筑外墙采用涂料饰面时，宜采用弹性涂料，其主要性能指标应符合表 4.1.8.2-1 的要求。采用其他饰面涂料时，应符合国家现行相关标准的要求。

表 4.1.8.2-1 弹性建筑外墙涂料主要性能要求

序号	项目		指标
1	低温稳定性		不变质
2	耐碱性		48 h 无异常
3	耐水性		96 h 无异常
4	耐洗刷性/次		≥2000
5	耐人工老化性（白色或浅色）		400 h 不起泡、不剥落、无裂纹，粉化≤1级，变色≤2级
6	涂层耐温变性（5次循环）		无异常
7	耐沾污性（5次，白色或浅色）(%)		<30
8	拉伸强度（MPa）	标准状态下	≥1.0
9	断裂伸长率（%）	标准状态下	≥200
		−10 ℃	≥40
		热处理	≥100

2）建筑外墙用腻子应采用外墙外保温柔性耐水腻子，与选

用的涂料应具有相容性，其主要性能指标应符合表 4.1.8.2-2 的要求，普通型腻子严禁用于建筑外墙。

表 4.1.8.2-2 外墙外保温柔性耐水腻子主要性能要求

序号	项目		指标
1	吸水量（g/10 min）		≤2.0
2	初期干燥抗裂性（6 h）		无裂纹
3	耐碱性（48 h）		无起泡、无开裂、无掉粉
4	耐水性（96 h）		无起泡、无开裂、无掉粉
5	耐洗刷性（次）		≥2000
6	粘结强度（MPa）	标准状态下	≥0.60
		冻融循环（5 次）	≥0.40
7	柔性		直径 50 mm，无裂纹
8	非粉状组分的低温贮存稳定性		-5℃冷冻 4 h 无变化，刮涂无障碍
9	柔性腻子复合上涂料层后的耐水性（96 h）		无起泡、无起皱、无开裂、无掉粉、无脱落、无明显变色
10	柔性腻子复合上涂料层后的耐冻融性（5 次）		无起泡、无起皱、无开裂、无掉粉、无脱落、无明显变色

4.2 制 品

4.2.1 EPS 钢丝网架板的质量应符合表 4.2.1 的规定。

4.2.2 EPS 板允许偏差应符合表 4.2.2 的规定。

4.2.3 钢丝网片允许偏差应符合表 4.2.3 的规定。

表 4.2.1 EPS 钢丝网架板质量要求

项次	项 目	质量要求
1	外观	界面砂浆涂敷均匀，不得有漏涂或漏喷，与钢丝和 EPS 板附着牢固，干擦不掉粉；板面平整，不得有明显翘曲、变形；EPS 板不得掉角、破损；焊点区以外的钢丝不允许有锈点；EPS 钢丝网架板正面有水平梯形凹凸槽，槽中距 50 mm，横向钢丝应对准凹槽中心。
2	钢丝网片网孔尺寸	经向网孔长 50 mm，纬向网孔长 50 mm
3	焊点拉力	抗拉力≥330 N，无过烧现象
4	焊点质量	网片漏焊、脱焊点不超过焊点数的 0.8%，连续脱焊不应多于 2 点，板端 200 mm 区段内的焊点不允许脱焊、虚焊，斜插丝脱焊点不超过 3%
5	斜插腹丝密度	（100～150）根/m²
6	斜插腹丝与钢丝网片夹角	60°±5°
7	斜插腹丝挑头	EPS 钢丝网架板的腹丝穿透 EPS 板露出长度应为 40 mm，偏差≤±3 mm
8	钢丝网片与 EPS 板的最大间隙	≤10 mm

注：EPS 板沿板的长边应设企口，宽 1/2 板厚，深 1/2 板厚。

表 4.2.2 EPS 板允许偏差

项 目	允许偏差（mm）
长 度	±5
宽 度	±5
厚 度	±2
对角线	≤10

表 4.2.3 钢丝网片允许偏差

项 目	允许偏差（mm）
钢丝直径	±0.05
长 度	≥0，且不大于 8.0
宽 度	±5.0
网孔偏差	经向偏差≤±2.5 纬向偏差≤±1.0
纬 斜	≤30
钢丝网片板边钢丝挑头	≤6
腹丝露出钢丝网片挑头	≤5

4.3 系统性能要求

4.3.1 EPS 钢丝网架板现浇混凝土外墙外保温系统的性能应符合表 4.3.1 的规定。

表 4.3.1 EPS 钢丝网架板现浇混凝土外墙外保温系统的性能指标

项 目		性 能 指 标
耐候性		经 80 次高温（70℃）-淋水（15℃）循环和 5 次加热（50℃）-冷冻（-20℃）循环后不应出现开裂、空鼓或脱落；抹面层与保温层拉伸粘结强度不应小于 0.1 MPa
吸水量（浸水 1 h）（g/m²）		≤1 000
抗冲击强度（J）	涂料饰面普通型（P 型）	≥3.0
	涂料饰面加强型（Q 型）	≥10.0
	面砖饰面型（Z 型）	≥3.0
耐冻融（30 次循环）适用于严寒和寒冷地区		表面无裂纹、空鼓、起泡、剥离现象，抹面层与保温层拉伸粘结强度不应小于 0.1 MPa
水蒸气温流密度[g/(m²·h)]		≥0.8
不透水性		试样抗裂防护层内侧无水渗透
面砖粘结强度（MPa）		≥0.4
系统燃烧性能		A 级

4.4 检验与验收

4.4.1 EPS钢丝网架板、附加钢丝网及锚固钢筋等材料的品种、规格及性能应符合本规程第4.1和4.2节的规定。

检验方法：观察、尺量检查；核查产品合格证书、性能检测报告等质量证明文件。

检查数量：按进场批次，每批随机抽取3个试样进行检查；质量证明文件应按其出厂检验批进行全数核查。

4.4.2 EPS钢丝网架板进场时应对其下列性能进行复检，复检应为见证取样送检：

1 EPS板的表观密度、导热系数及压缩强度；
2 钢丝网及斜插腹丝的焊点强度；
3 钢丝网及斜插腹丝的镀锌层质量；
4 其他材料。

检验方法：随机抽样送检，核查复检报告。

检查数量：同一厂家同一品种的产品，当单位工程建筑面积在20000 m^2 以下时，抽查不少于3次；当单位工程建筑面积在20000 m^2 以上时，每超过10000 m^2 增加1次，超过面积不足10000 m^2 时，也增加1次。

4.4.3 EPS钢丝网架板每平方米斜插腹丝数量应符合设计要求，板两面应预喷界面砂浆，加工质量应符合表4.2.1的规定。

检验方法：对照设计文件观察，尺量检查；核查隐蔽工程验收记录。

检查数量：每个检验批抽查5%，并不少于10处，每处不少于1 m^2。

5 系统构造和技术要求

5.1 系统构造

5.1.1 EPS 钢丝网架板现浇混凝土外墙外保温系统构造分为面砖饰面和涂料饰面,见图 5.1.1-1、图 5.1.1-2。

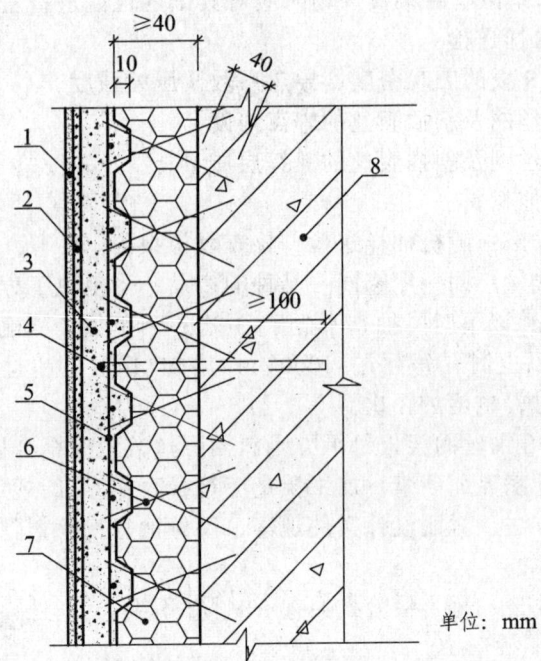

单位：mm

图 5.1.1-1 面砖饰面 EPS 钢丝网架板现浇混凝土外墙外保温系统构造图

1—面砖饰面层；2—粘结层；3—抹灰层；4—"U"形 Φ6 锚固钢筋；5—镀锌钢丝网；6—斜插腹丝；7—水平齿槽 EPS 板（面喷界面砂浆）；8—现浇混凝土外墙

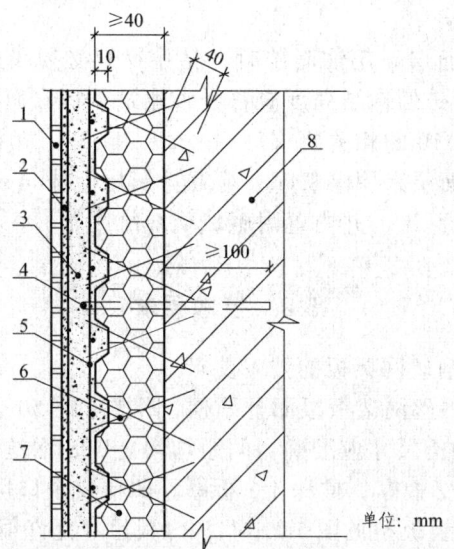

图 5.1.1-2 涂料饰面 EPS 钢丝网架板现浇混凝土外墙外保温系统构造图

1—涂料饰面层；2—砂浆保护层（内置耐碱玻璃纤维网布）；3—抹灰层；
4—"U"形 Φ6 锚固钢筋；5—镀锌钢丝网；6—斜插腹丝；
7—水平齿槽 EPS 板（面喷界面砂浆）；8—现浇混凝土外墙

5.1.2 EPS 钢丝网架板的厚度应根据建筑节能设计确定，且厚度不应小于 40 mm。

5.1.3 "U"形 Φ6 锚固钢筋每平方米应为 2 根～3 根。

5.1.4 本系统应设置水平、垂直抗裂分隔缝，钢丝网应在抗裂分隔缝处断开，待抹灰时嵌入塑料分格条或泡沫塑料棒，外表面用建筑密封胶嵌缝。

1 水平抗裂分隔缝宜在每层层间设置；不采用每层设置时，分隔缝间距不得大于 3 层。

2 垂直抗裂分隔缝按墙面面积设置，板式建筑不宜大于 30 m^2，塔式建筑宜设置在阴角部位。

5.1.5 建筑高度超过 45 m 的高层建筑,设计时应有防雷击措施。

5.1.6 饰面层

1 当饰面层采用饰面砖时，粘贴材料必须采用专用砂浆或粘结剂，饰面砖的粘结强度应符合《建筑工程饰面砖粘结强度检验标准》JGJ 110 的相关要求。

2 当饰面层采用涂料时，应在抹灰层上抹 4 mm～5 mm 的聚合物砂浆护面层，并内置耐碱玻璃纤维网布。

5.2 技术要求

5.2.1 EPS 钢丝网架板的技术要求

1 EPS 钢丝网架板板面开凹槽，凹槽中距 50 mm，槽深不大于 10 mm，凹槽尺寸应准确、间距均匀。EPS 钢丝网架板长边设企口，槽宽 1/2 板厚，槽深 1/2 板厚，凹槽及企口均应机械成型。EPS 钢丝网架板板型见图 5.2.1-1，EPS 板尺寸允许偏差见表 4.2.2，EPS 钢丝网架板主要性能指标见本规程第 4.1、4.2 节。

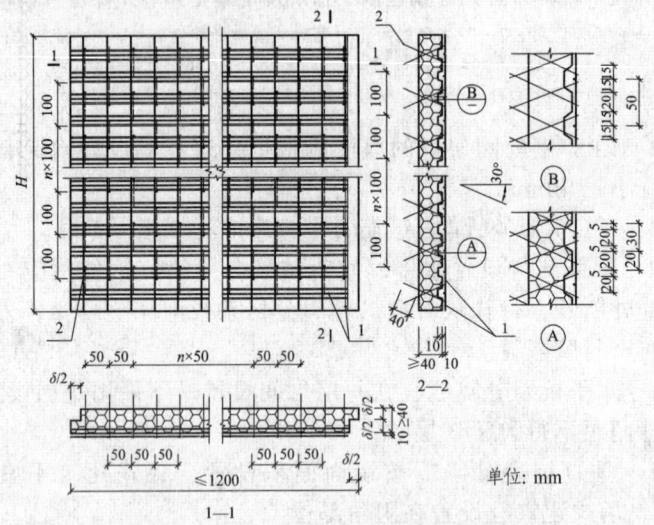

图 5.2.1-1 EPS 钢丝网架板板型图
1—钢丝网片；2—斜插腹丝；δ—EPS 板板厚；H—层高

2 在安装EPS钢丝网架板时,应插入经过防锈处理的"U"形 Φ6 锚固钢筋。锚固钢筋应套住钢丝网片的两根横向或竖向钢丝,并用扎丝将锚固钢筋与钢筋混凝土外墙外侧竖向钢筋绑扎定位,锚固钢筋锚入现浇混凝土的长度不得小于 100 mm。"U"形 Φ6 锚固钢筋布置见图 5.2.1-2、图 5.2.1-3。

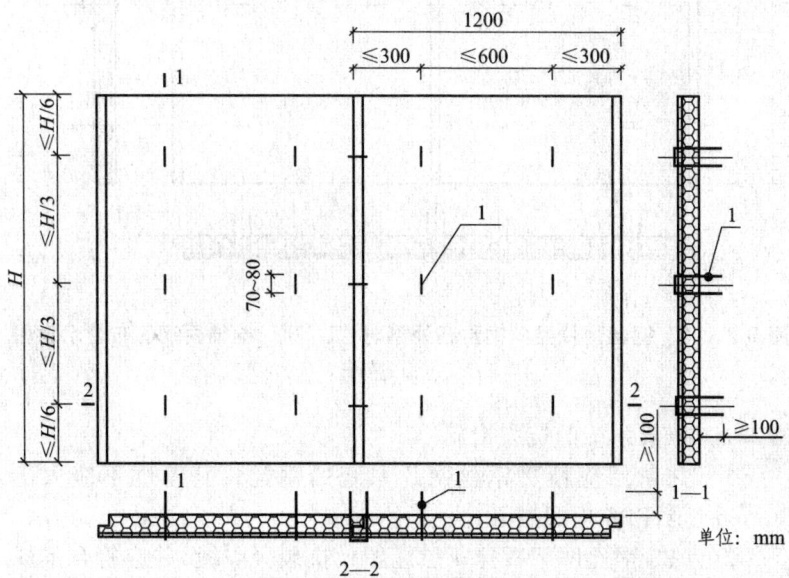

图 5.2.1-2 钢丝网片横向钢丝在外侧时"U"形 Φ6 锚固钢筋布置示意图
1—"U"形 Φ6 锚固钢筋;H—层高

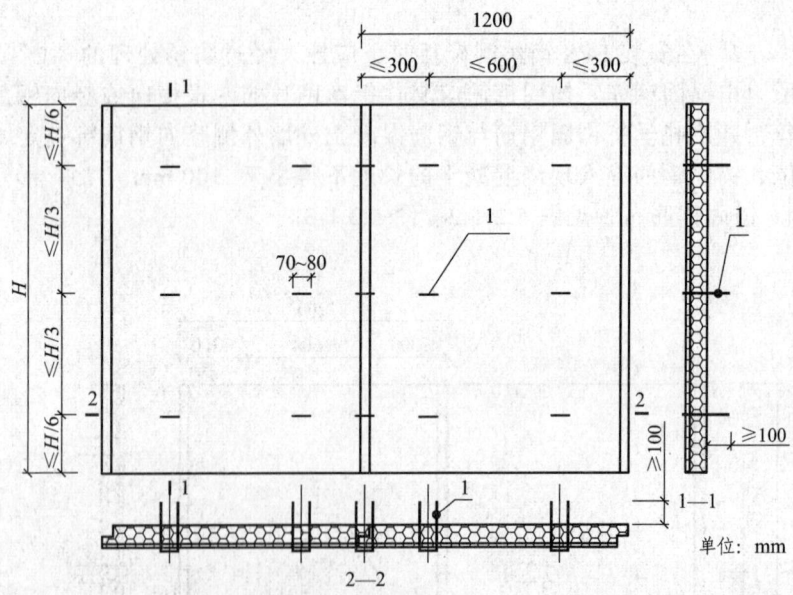

图 5.2.1-3 钢丝网片竖向钢丝在外侧时"U"形 Φ6 锚固钢筋布置示意图
1—"U"形 Φ6 锚固钢筋；H—层高

5.2.2 抹灰系统的抗裂措施

1 抹灰层应覆裹钢丝网片系统的钢丝，其厚度不应大于 30 mm（含 EPS 板凹槽）。

2 EPS 钢丝网架板抹灰层应留设抗裂分隔缝，并应符合本规程第 5.1.4 条的要求。

3 建筑外墙阴、阳角在抹灰层中应采取附加角网的防裂措施，附加钢丝网片的规格、材质与 EPS 钢丝网架板网片相同。外墙阴阳角附加钢丝网构造见图 5.2.2-1。

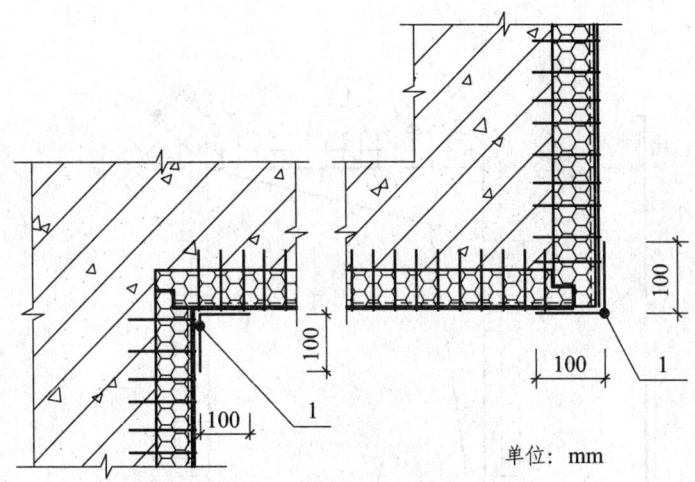

图 5.2.2-1 外墙阴阳角附加钢丝网
1—附加钢丝网

4 为防止外墙门窗洞口四角开裂，墙面铺与洞口角部呈 45°的附加钢丝网片，门窗洞口阴阳角应采用附加角网收边防裂，附加钢丝网片的规格、材质与 EPS 钢丝网架板网片相同。外墙门窗洞口防裂附加钢丝网见图 5.2.2-2。

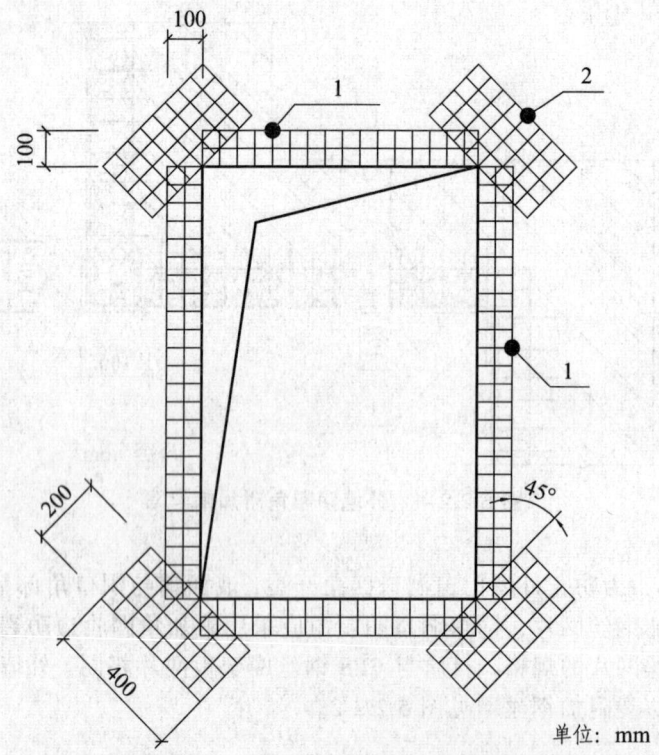

单位：mm

图 5.2.2-2 外墙门窗洞口防裂附加钢丝网

1—窗洞附加钢丝网；2—墙面附加钢丝网

5.2.3 热桥处理措施

1 建筑外窗洞口外侧四周墙面应按图 5.2.2-2 采用附加角网收边，并抹保温砂浆，窗框与墙体预留安装间隙。

2 建筑遮阳、雨罩、凸窗顶板、侧板及窗台板、空调室外机搁板等部位，应在板面或板底铺贴保温材料进行构造处理，其传热系数按表 5.2.3 取值，具体按设计要求进行处理。

表 5.2.3 不同气候分区凸窗顶板、侧板、窗台板传热系数限值

气候分区	传热系数限值 $K[W/(m^2 \cdot K)]$
严寒地区	≤0.7
寒冷地区	≤1.0
夏热冬冷及夏热冬暖地区	≤2.0

6 施 工

6.1 施工准备

6.1.1 技术准备

1 充分熟悉设计图纸、规程、规范及现行有关施工工艺标准。

2 编制专项施工方案，绘制 EPS 钢丝网架板布置及排版节点图等。

3 组织人员培训，进行书面的技术交底。

6.1.2 材料准备

1 EPS 钢丝网架板制品应符合本规程第 4.2 节的规定。

2 EPS 钢丝网架板与墙体连接材料：经防锈处理的"U"形 $\phi 6$ 锚固钢筋。

3 准备好附加钢丝网等。

4 EPS 钢丝网架板堆放：在施工现场指定区域搭设防雨无积水的场地。EPS 钢丝网架板的堆放应网面对网面重叠平放，重叠高度不宜超过 1.5m，应确保 EPS 钢丝网架板不损坏、不变形。

5 其他材料：应准备好所需的砂浆或混凝土垫块等其他材料。

6.1.3 机具准备

切割 EPS 钢丝网架板操作平台及设备、引孔工具、抹灰工具、检测工具、运输工具等。

6.2 施工工艺

6.2.1 EPS 钢丝网架板现浇混凝土外墙外保温系统工程施工工艺流程按图 6.2.1 进行。

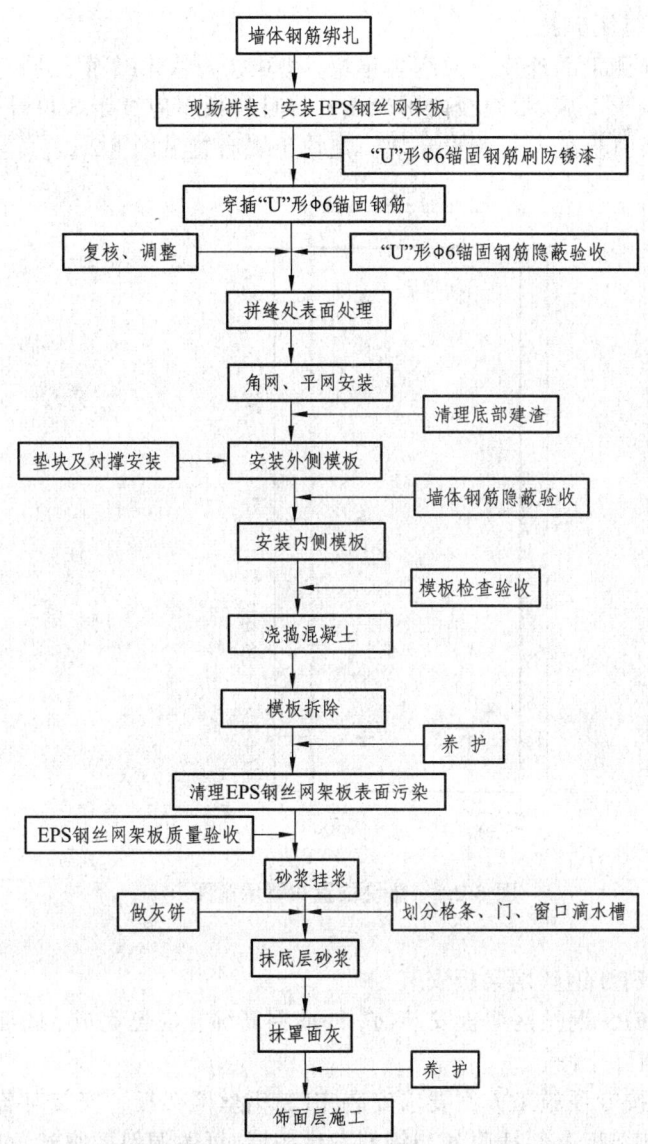

图 6.2.1 EPS 钢丝网架板现浇混凝土外墙外保温系统工程施工工艺流程

6.2.2 垫块绑扎

在外侧钢筋外皮及时绑扎垫块,垫块按每块EPS钢丝网架板板宽不少于2点、每块板内不少于6块且拼板不应少于3块设置,上口皮及拼板处不得漏设垫块。垫块位置布置见图6.2.2。

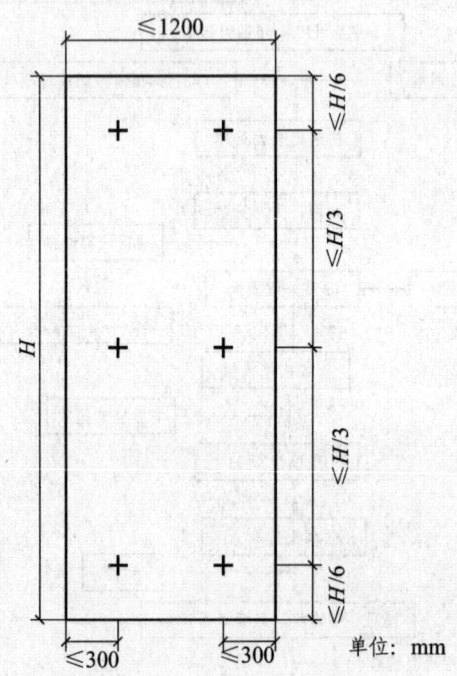

图 6.2.2 垫块位置布置示意图

H—层高

6.2.3 EPS 钢丝网架板安装

1 EPS 钢丝网架板安装前,外墙钢筋绑扎应已完成,底部建渣等应清除干净。

2 按专项施工方案要求安装 EPS 钢丝网架板,安装时若发现钢丝网架板上斜插腹丝与钢筋发生碰撞,可微调斜插腹丝角度,使EPS钢丝网架板就位正确。

3 EPS钢丝网架板安装的排列原则是先边侧，后中间，先大面，后小面及洞口。EPS钢丝网架板之间的竖向拼缝处应用扎丝绑扎，墙体阴阳角拼缝部位的扎丝绑扎间距不得大于 150 mm，其余拼缝部位的扎丝绑扎间距不得大于 300 mm。拼缝处扎丝绑扎做法见图 6.2.3-1、图 6.2.3-2、图 6.2.3-3、图 6.2.3-4。层间抗裂分隔缝按设计要求设置，且缝间钢丝网不得绑扎。

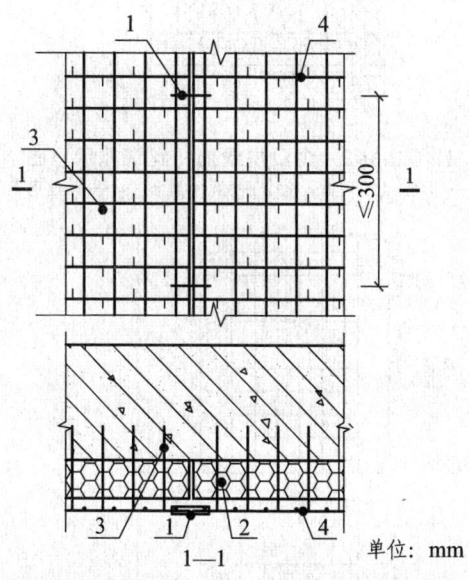

图 6.2.3-1 平口拼缝处扎丝绑扎示意图
1—扎丝；2—EPS板；3—斜插腹丝；4—钢丝网片

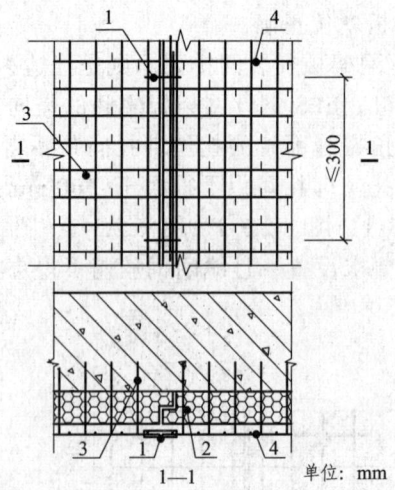

图 6.2.3-2 企口拼缝处扎丝绑扎示意图
1—扎丝；2—EPS板；3—斜插腹丝；4—钢丝网片

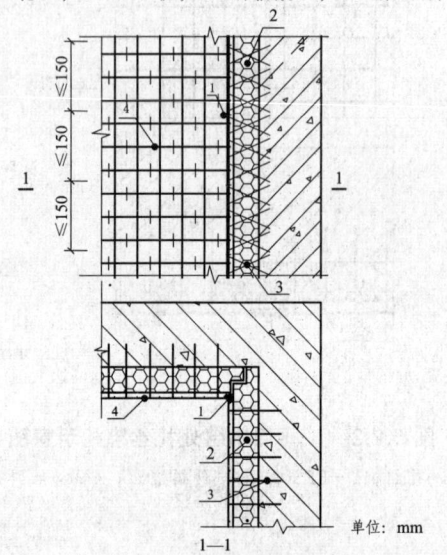

图 6.2.3-3 阴角拼缝处扎丝绑扎示意图
1—扎丝；2—EPS板；3—斜插腹丝；4—钢丝网片

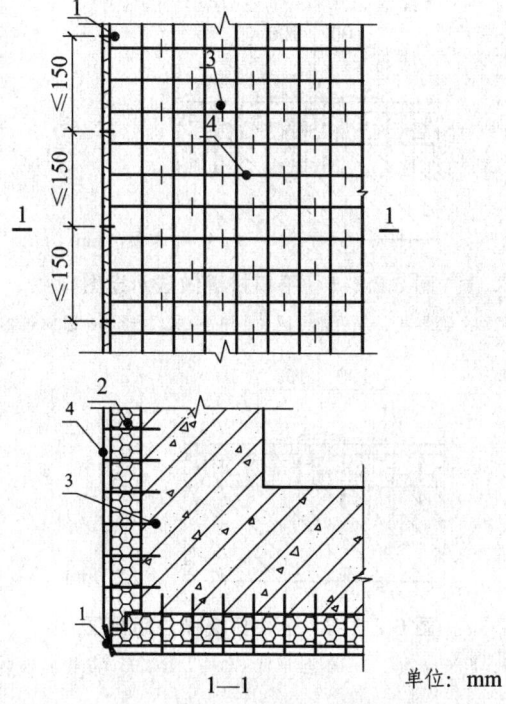

图 6.2.3-4 阳角拼缝处扎丝绑扎示意图

1—扎丝；2—EPS 板；3—斜插腹丝；4—钢丝网片

4 板面附加"U形"φ6锚固钢筋按本规程第 5.2.1 条的第 2 款要求设置，并与墙筋绑扎固定。在 EPS 钢丝网架板穿孔时，应采用专用引孔工具引孔，避免损伤 EPS 钢丝网架板。

5 阴、阳角及拼缝处的附加钢丝网应用扎丝与 EPS 钢丝网架板钢丝绑扎牢固,阴、阳角处做法见图 6.2.3-3、6.2.3-4,拼缝处做法见图 6.2.3-5、图 6.2.3-6。

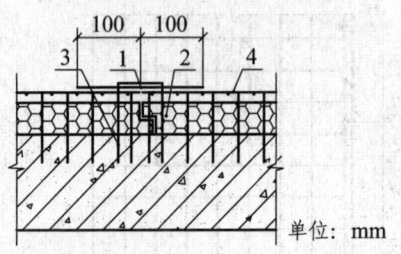

图 6.2.3-5 平口拼缝做法示意图

1—附加钢丝网,扎丝绑扎;2—钢丝网片;3—"U"形 Φ6 锚固钢筋;4—EPS 板

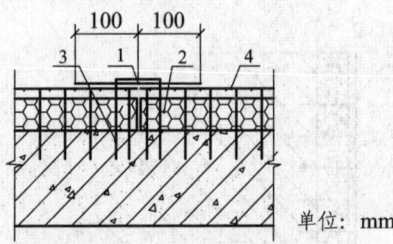

图 6.2.3-6 企口拼缝做法示意图

1—附加钢丝网,扎丝绑扎;2—钢丝网片;3—"U"形 Φ6 锚固钢筋;4—EPS 板

6 EPS 钢丝网架板安装时,槽口应水平向外,企口拼缝应严密,平口拼缝不严密处,可用聚氨酯发泡剂封堵严密,见图 6.2.3-7。

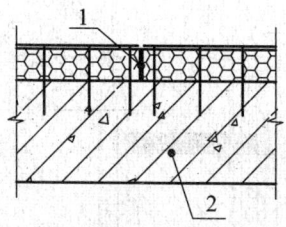

图 6.2.3-7 平口拼缝聚氨酯发泡剂封堵做法示意图

1—聚氨酯发泡剂密封；2—现浇混凝土外墙

7 层高不大于 3000 mm 时，EPS 板不得对接。层高大于 3000 mm 时，EPS 板对接不应多于两处，且应采用企口对接。

6.2.4 模板的支拆

1 模板及其支架必须具有足够的承载力、刚度和稳定性，模板的加固措施必须牢固、可靠，不得出现胀模、爆模等现象，并编制外墙模板专项施工方案。

2 模板应采用大模板施工，当采用覆膜大模板时，严禁随意钻孔等穿透模板。

3 模板拆除时，在模板与 EPS 钢丝网架板间使用撬棍应采取可靠措施，避免损伤 EPS 钢丝网架板。

6.2.5 混凝土的浇捣

1 浇筑混凝土前，应在 EPS 钢丝网架板与模板之间采取保护措施防止漏浆，并应按一定的间距设置对撑条或"Π"形封口卡（每块板不应少于 2 个），见图 6.2.5。

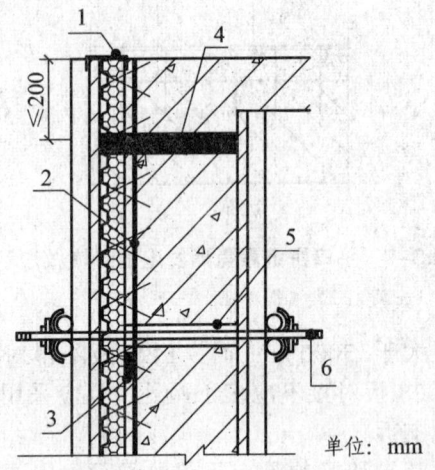

图 6.2.5 对撑条或"Π"形封口卡设置示意图

1—"Π"形封口卡；2—墙体外侧竖向钢筋；3—水泥砂浆垫块；
4—混凝土对撑条；5—PVC套管；6—对拉螺栓

2 在浇筑混凝土时，应在混凝土下料部位设置导流板，导流板紧靠外侧墙筋，严禁泵管正对EPS钢丝网架板下料。

3 墙体混凝土应分层浇筑、振捣密实，分层高度应控制在1000 mm以内。

4 模板拆除后，应仔细检查混凝土墙内表面浇捣质量情况，如发现有孔洞、露筋、蜂窝等缺陷，应在相应位置进行复检，并采取补救措施。

6.2.6 外墙EPS钢丝网架板的抹灰

1 EPS钢丝网架板现浇体系完成后，EPS钢丝网架板不得长期裸露，应适时安排抹灰层施工，并严格控制该抹灰层厚度，使其符合设计要求。

2 EPS钢丝网架板表面应清理干净，无灰尘、污渍和污垢，对板面界面砂浆缺损、穿墙套管孔等均应进行修补。

3 水泥砂浆抹灰应分层进行，先抹一层底层灰，填满梯形凹槽并覆盖钢丝网，再进行罩面层抹灰施工时，罩面抹灰应分遍进行，每层抹灰层厚度不宜大于 15 mm。

4 外墙粘贴面砖应采用专用粘结砂浆或粘结剂粘贴，并按现行《建筑工程饰面砖粘结强度检验标准》JGJ 110 进行检验。

5 外墙饰面为涂料时，应在水泥砂浆面层完成 24 h 后再加抹耐碱玻璃纤维网布抗裂砂浆抹面层，并分层施工。

6.3 成品保护

6.3.1 在 EPS 钢丝网架板安装过程中应轻拿轻放，尽量避免与钢筋架管碰撞。

6.3.2 施工中注意防止外架或吊篮架对 EPS 钢丝网架板的擦刷，及翻拆架子对 EPS 钢丝网架板的碰撞等。

6.3.3 对墙面、门窗洞口、边、角、垛处应采取保护措施。

6.3.4 在进行电焊施工过程中，必须采取有效隔离、防火措施，防止火灾事故发生及对 EPS 钢丝网架板造成损坏。

7 施工质量验收

7.0.1 EPS 钢丝网架板现浇混凝土外墙外保温系统子分部工程施工质量的验收除符合本规程要求外，尚应符合《建筑工程施工质量验收统一标准》GB 50300、《建筑节能工程施工质量验收规范》GB 50411 的相关规定。

7.0.2 EPS 钢丝网架板进场时应进行进场检验，检验项目及指标应满足本规程第 4 章的要求。

7.0.3 子分部工程检查验收时应检查下列文件及资料，并纳入竣工技术档案。

    1 设计文件、图纸会审记录、设计变更、技术核定单等；

    2 建筑节能工程施工单位资质、施工组织设计和专项施工方案等；

    3 材料的产品合格证、性能检测报告、见证取样单、进场复检报告等；

    4 检验批施工质量验收记录和相关图像资料；

    5 隐蔽工程验收记录。

7.0.4 检验批可按楼层、结构缝或施工段划分，但应与混凝土现浇结构分项工程的检验批划分一致。检验批的验收分两个阶段进行：第一阶段在外模安装前进行；第二阶段在拆除内、外模板后抹灰前进行。检验批质量验收可按本规程附录 A 进行。

7.0.5 应对下列部位或内容进行隐蔽工程检查验收，并应有详细的文字记录和必要的图像资料：

    1 垫块及混凝土对撑条的设置及固定；

    2 EPS 钢丝网架板与墙体（梁）钢筋的连接固定；

3 EPS 钢丝网架板拼缝及构造节点；

　　4 锚固钢筋埋入混凝土的长度及与墙筋的绑扎固定。

7.0.6 EPS 钢丝网架板的安装应符合下列规定：

　　1 安装部位应符合设计要求；

　　2 板的安装方向应是槽口水平向外；

　　3 板与板之间的拼缝应严密，拼缝处应附加钢丝网，附加钢丝网与 EPS 钢丝网架板的搭接长度不应小于 100 mm，并用扎丝绑扎牢固，绑扎间距应符合本规程第 6.2.3 条第 3 款的规定；

　　4 阴阳角及洞口部位附加钢丝网的设置，应符合本规程第 5.2.2、第 6.2.3 条的规定；

　　5 锚固钢筋的规格、埋设位置、间距应符合设计要求。

　　检验方法：观察、尺量检查；核查隐蔽工程验收记录。

　　检查数量：每个检验批抽查 5%，并不少于 10 处，每处不小于 2 m^2。

7.0.7 EPS 钢丝网架板检验批质量验收记录按本规程附录 A 填写。检验批的合格判定应符合下列规定：

　　1 主控项目应全部合格；

　　2 一般项目应合格：当采用计数检验时，至少应有 90%以上的检查点合格，且其余检查点不得有严重缺陷。

7.0.8 混凝土成型拆模后的保温层不应有明显缺损、变形、位移，EPS 钢丝网架板表面不应有漏浆或 EPS 钢丝网架板嵌入混凝土内等缺陷。

　　检验方法：观察、用钢针插入与直尺测量。

　　检查数量：每个检验批抽查 5%，并不少于 10 处，每处不少于 2 m^2。

7.0.9 保温层允许偏差的检验方法和检查数量应符合表 7.0.9 的规定。

表 7.0.9 保温层允许偏差

项次	项目		允许偏差（mm）	检验方法	检查数量
1	垂直度	每层	5	用 2m 垂直检测尺检查	每个检验批抽查 5%并不少于 10 处，每处不少于 2 m^2
		全高	$H/1000$ 且 ≤ 30	用经纬仪或吊线、尺量检查	
2	表面平整度		8	用 2m 靠尺和楔形塞尺检查	
3	锚固筋间距		+50	用尺量检查	
4	拼缝宽度		5	用尺量检查	

7.0.10 EPS钢丝网架板分项工程质量验收可按本规程附录B进行。分项工程的合格判定应符合下列规定：

1 分项工程所含的检验批均应合格；

2 分项工程所含的检验批的质量验收记录应完整。

附录 A 检验批质量验收记录

A.0.1 EPS 钢丝网架板检验批质量验收可按表 A.0.1-1、表 A.0.1-2 记录。

表 A.0.1-1 EPS 钢丝网架板检验批施工质量验收记录

工程名称			验收部位	
施工单位		专业工长	施工班组长	
分包单位		分包项目经理	施工班组长	
施工执行标准名称及编号				
施工质量验收规程规定			施工单位检查评定记录	监理单位验收记录
主控项目	1	EPS 钢丝网架板、附加钢丝网、板面预喷界面砂浆和锚固钢筋等材料的品种、规格及性能应符合设计要求和现行相关标准的规定		
	2	EPS 钢丝网架板进场时,应对 EPS 板的表观密度、导热系数及压缩强度,钢丝网及斜插腹丝的焊点强度,钢丝网及斜插腹丝的镀锌层质量及其他材料进行复检		
一般项目	1	界面砂浆喷涂均匀,不得露底,与钢丝和 EPS 钢丝网架板附着牢固		
	2	横向钢丝应对准 EPS 钢丝网架板凹槽中心,斜插腹丝不允许漏丝		

续表 A.0.1-1

一般项目	3	网片漏焊脱焊点不超过焊点数的0.8%，且不应集中在一处。连续脱焊不应多于2点，板端200mm区段内的焊点不允许脱焊虚焊，斜丝脱焊点不超过3%		
	4	腹丝穿透EPS板露出长度应为40mm，偏差不得大于±3mm；钢丝网片板边钢丝挑头≤6mm；腹丝露出钢丝网片挑头≤5mm		
	5	安装部位应符合设计要求		
	6	板的安装方向应是槽口水平向外		
	7	板与板的拼缝应严密，拼缝处应附加钢丝网，附加钢丝网与EPS钢丝网架板的搭接长度不应小于100mm		
	8	阴阳角及洞口四角部位应设置附加钢丝网，并符合设计要求		
	9	锚固钢筋的形状、埋设位置、间距应符合设计要求		
施工单位检查评定结果		项目专业质量检查员： 项目专业质量（技术）负责人： 年 月 日		
监理（建设）单位验收结论		监理工程师（建设单位项目技术负责人）： 年 月 日		

表 A.0.1-2 EPS 钢丝网架板检验批施工质量验收记录

工程名称				验收部位	
施工单位		专业工长		施工班组长	
分包单位		分包项目经理		施工班组长	
施工执行标准名称及编号					

	施工质量验收规程规定			施工单位检查评定记录	监理单位验收记录
一般项目	1	混凝土成型拆模后，保温层不应有明显缺损、变形、位移，EPS钢丝网架板表面不应有漏浆或EPS钢丝网架板嵌入混凝土内等缺陷			
	2 尺寸偏差	允许偏差项目	允许偏差（mm）	实测偏差（mm）	
		混凝土成型后保温层垂直度 每层	5		
		混凝土成型后保温层垂直度 全高	$H/1000$ 且 <30		
		混凝土成型后保温层表面平整度	8		
		混凝土成型后保温层锚固筋间距	+50		
		混凝土成型后保温层拼缝宽度	5		

续表 A.0.1-2

共实测 点，其中合格 点，不合格点 点，合格率 。
施工单位检查评定结果
项目专业质量检查员： 项目专业质量（技术）负责人： 年 月 日
监理（建设）单位验收结论
专业监理工程师（建设单位项目专业技术负责人）： 年 月 日

附录 B 分项工程质量验收记录

B.0.1 EPS钢丝网架板分项工程施工质量验收可按表B.0.1记录。

表 B.0.1　EPS钢丝网架板分项工程施工质量验收记录

工程名称			验收部位	
施工单位		专业工长	施工班组长	
分包单位		分包项目经理	施工班组长	
施工执行标准名称及编号				
序号	检验批、区段		施工单位检查评定结果	监理（建设）单位验收结论
施工单位检查评定结果	项目专业质量检查员： 项目专业质量（技术）负责人： 年　月　日			
监理（建设）单位验收结论	监理工程师（建设单位项目技术负责人）： 年　月　日			

本规程用词说明

1 为了便于在执行本规程条文时区别对待，对要求严格程度不同的用词说明如下：

    1）表示很严格，非这样做不可的：
        正面词采用"必须"，反面词采用"严禁"。
    2）表示严格，在正常情况下均应这样做的：
        正面词采用"应"，反面词采用"不应"或"不得"。
    3）表示允许稍有选择，在条件许可时首先应这样做的：
        正面词采用"宜"，反面词采用"不宜"。
    4）表示有选择，在一定条件下可以这样做的，采用"可"。

2 规程中指明应按其他规范、规程、标准执行时，采用"应按……执行"或"应符合……的要求或规定"。

引用标准名录

1. 《绝热用模塑聚苯乙烯泡沫塑料》GB/T 10801.1
2. 《外墙外保温系统用钢丝网架模塑聚苯乙烯板》GB 26540
3. 《混凝土结构工程施工质量验收规范》GB 50204
4. 《建筑装饰装修工程质量验收规范》GB 50210
5. 《建筑工程施工质量验收统一标准》GB 50300
6. 《建筑节能工程施工质量验收规范》GB 50411
7. 《建筑工程饰面砖粘结强度检验标准》JGJ 110
8. 《外墙外保温工程技术规程》JGJ 144
9. 《建筑外墙防水防护技术规程》JGJ/T 235
10. 《膨胀聚苯板薄抹灰外墙外保温系统》JG 149
11. 《胶粉聚苯颗粒外墙外保温系统》JG 158
12. 《弹性建筑涂料》JG/T 172
13. 《现浇混凝土复合膨胀聚苯板外墙外保温技术要求》JG/T 228
14. 《外墙外保温柔性耐水腻子》JG/T 229
15. 《耐碱玻璃纤维网布》JC/T 841
16. 《一般用途镀锌低碳钢丝编织网六角网》QB/T 1925.2
17. 《镀锌电焊网》QB/T 3897
18. 《钢丝网架夹芯板用钢丝》YB/T 126

四川省工程建设地方标准

EPS 钢丝网架板现浇混凝土
外墙外保温系统技术规程

DBJ51/T 5062—2013

条 文 说 明

目 次

1 总则 … 42
2 术语 … 43
3 基本规定 … 44
4 性能要求 … 45
  4.1 原材料 … 45
  4.2 制品 … 46
  4.3 系统性能要求 … 46
  4.4 检验与验收 … 47
5 系统构造和技术要求 … 48
  5.1 系统构造 … 48
  5.2 技术要求 … 49
6 施工 … 50
  6.1 施工准备 … 50
  6.2 施工工艺 … 50
7 施工质量验收 … 53

1 总　则

1.0.1 说明了制定本规程的目的。

根据我国国情和社会发展，节能和省地已经成为建筑业的发展重要要求，如何做好建筑围护结构隔热保温，使之既满足国家节能标准要求，又保证外保温系统的可靠和安全，同时还有利于建筑的外部装饰装修。

为促进四川地区建筑节能技术健康发展，统一EPS钢丝网架板现浇混凝土外墙外保温系统的材料、设计、施工、检验及验收等要求，特制订本规程。

1.0.2 本次修订对规程的适用范围进行了界定。为认真贯彻国家有关加强消防工作的部署和要求，国务院发布了《关于加强和改进消防工作的意见》(国发〔2011〕46号)、住房和城乡建设部发布了《关于贯彻落实国务院关于加强和改进消防工作的意见的通知》(建科〔2012〕16号)等文件，对外墙保温系统不同用途、不同建筑高度所采用保温材料的燃烧性能作出了相关规定，为保证外保温系统的可靠和安全,结合四川地区特点和工程实践情况，在本次修订中，将规程适用范围限制在抗震设防烈度为8度及8度以下、建筑高度不大于100 m的居住建筑和高度不大于24 m的公共建筑，且为现浇混凝土结构的外墙外保温工程。

1.0.3 规定了EPS钢丝网架板现浇混凝土外墙外保温系统工程通用技术条件除了符合本规程外，还应符合设计、各分项工程质量验收标准等其他现行规范、标准的要求。

2 术 语

本章术语的条文仅列出容易混淆、误解和概念模糊的术语。

3 基本规定

3.0.1~3.0.4 本条是针对外墙外保温系统工程或工程各部分的基本规定，是外墙外保温系统在正常维护和使用情况下，在经济合理的使用寿命期限内外墙外保温系统必须达到的基本要求，耐力学作用及稳定性、自重作用下或铺贴外墙饰面砖后不产生有害的变形；能防止室外水分进入、不透水、不吸水同时又有蒸汽渗透性，有效防止表面和间层的结露。

4 性能要求

4.1 原材料

4.1.1 EPS钢丝网架板材料选用由设计图纸明确,EPS钢丝网架板材料在出厂时应及时提供出厂质量证明(合格证)和质量检验报告。

4.1.2~4.1.4 考虑EPS钢丝网架板等材料组成,现行国家标准《外墙外保温系统用钢丝网架模塑聚苯乙烯板》GB 26540对EPS板导热系数要求小于或等于0.038 W/(m·K)。在本次修订中,将原EPS板导热系数小于或等于0.041 W/(m·K)修订为小于或等于0.038 W/(m·K),同时根据《民用建筑外保温系统及外墙装饰防火暂行规定》(公通字〔2009〕46号)文件要求以及验证试验,为便于本系统的推广应用,将EPS板燃烧性能B_2级修订为B_1级。表4.1.2中导热系数不大于0.038 W/(m·K),但插腹丝后应乘以修正系数1.55。附加钢丝网指附加平网、角网等。

本系统自重等荷载是通过斜插腹丝和锚固钢筋直接传递到钢筋混凝土墙体的。与浆料、板材粘贴类保温系统界面砂浆受力不同,系统受剪由斜插腹丝和锚固钢筋承担。在本次修订中,取消了界面砂浆压剪粘结强度要求。拉伸粘结强度性能要求参考了《现浇混凝土复合膨胀聚苯板外墙外保温技术要求》JG/T 228,其试验方法按《现浇混凝土复合膨胀聚苯板外墙外保温技术要求》JG/T 228的要求执行。

4.1.5~4.1.8 为完成整个外墙外保温系统所需的除EPS钢丝网架板外的其他原材料组成,其组成的各种原材料技术性能指标也应符合现行相关要求,耐碱玻璃纤维网布仅在外墙饰面为涂料时加设。

在本次修订过程中，根据《耐碱玻璃纤维网布》JC/T 841 的要求，对耐碱玻璃纤维网布主要性能指标进行了修订。本系统抹灰层采用普通水泥砂浆厚抹灰，与薄抹灰用的聚合物水泥砂浆抹灰材料不同。为避免混淆，抹灰材料宜采用普通水泥砂浆，并根据现行标准要求，对抹灰材料主要性能指标作出要求。

本系统饰面层既可采用饰面砖，也可采用涂料饰面。在本次修订中，根据现行标准、规范并参照《成都市城乡建设委员会关于加强我市建筑外墙饰面材料管理的通知》（成建委〔2011〕702号）文件的要求，增加了饰面层所采用材料的主要性能指标。

4.2 制 品

4.2.1～4.2.3 提出 EPS 钢丝网架板组成材料的外观、加工质量、允许偏差要求。网边挑头长度指钢丝网片外露 EPS 板的长度，插丝挑头是指插丝外露钢丝网片的长度，网边露头长是指钢丝网片中的钢丝露出垂直方向钢丝的长度。

在本次修订中，依据《外墙外保温系统用钢丝网架模塑聚苯乙烯板》GB 26540 的规定，对表 4.2.1、表 4.2.2、表 4.2.3 相关项进行了调整。

4.3 系统性能要求

4.3.1 EPS 钢丝网架板现浇混凝土外墙外保温系统应进行耐候性试验，耐候性试验系参照 JGJ 144 和国家建筑工程质量检测中心节能检测部大量耐候性检验所验证。而对于 EPS 钢丝网架板现浇混凝土外墙外保温系统易受撞击的部位，则在设计中采用附加钢丝网的措施来保证达到抗冲击强度 10 J 的要求。不同材料的饰面层具有不同的吸水性能，因此对耐冻融性影响很大，表 4.3.1 的规定是考虑到四川地区气候分区中的严寒和寒冷地区的因素，应满足最不利环境条件下系统的安全性。根据现行国家标准、政府相关文件的要求以及验证性试验，为保证使用安全，本次修订增加了系统燃烧性能要求，删除了火反应性要求。

4.4 检验与验收

4.4.1 本条是对EPS钢丝网架板组成材料的基本规定。要求材料的品种、规格等应符合本规程要求，不能随意改变和代替。在材料进场时通过目视和尺量、称重等方法检查，并对其质量证明文件进行核查确认。检查数量为每种材料按进场批次每批随机抽取3个试样进行检查。当能够证实多次进场的同种材料属于同一生产批次时，可按该材料的出厂检验批次和抽样数量进行检查。如果发现问题，应扩大抽查数量，最终确定该批材料是否符合设计要求。

4.4.2 本条列出EPS钢丝网架板组成材料进场复验的具体项目。复验的试验方法应遵守相应产品的试验方法标准。复验指标是否合格应依据设计要求和产品标准判定。复验抽样频率为：同一厂家的产品（不考虑规格）应至少抽样复验3次。当单位工程建筑面积超过20000 m^2时，每超过10000 m^2增加1次，超过面积不足10000 m^2时，也增加1次。不同厂家的产品应分别抽样进行复验。复验应为见证取样送检，由具备检测资质的检测机构进行试验。

同一施工单位在同一项目内施工的多个单位工程，使用同一生产厂家的同品种、同规格、同批次的产品时，可适当减少项目工程进场抽样复检量，抽样复检量在施工前由建设、监理、施工单位自行商议确定，但抽样复检量不得低于本规程抽样复检量的50%。

4.4.3 考虑到钢丝网架在堆放和施工中容易生锈，同时为使钢丝网架板与混凝土基层及外抹灰层结合良好，故要求在产品出厂前对板两面预喷界面砂浆。

5 系统构造和技术要求

5.1 系统构造

5.1.1 本系统适用于现浇混凝土结构的外墙外保温体系,特别针对外墙铺贴装饰面砖的工程(也可作外墙涂料饰面工程),可以保证保温层与建筑的主体结构有安全、可靠、牢固的连接。本系统在建筑主体施工的同时实现了墙体混凝土施工与节能保温系统工程同步实施,主体结构完工,保温节能工程也同步完工,缩短了施工工期,让外墙保温工程的质量和施工操作难度能在可控的条件下进行。

EPS钢丝网架板现浇混凝土外墙外保温系统在墙体现浇完成后应尽可能及时安排抹灰层施工,避免外露钢丝网因长期裸露而锈蚀,抹灰层厚度应控制在30 mm以内。

现浇钢筋剪力墙结构体系外墙,仍有非现浇的砌体填充墙体,设计人员可根据所在地区气候分区、墙材生产的现状去合理选择,并与整体浇筑的EPS钢丝网架板系统相融匹配。

5.1.2 本条强调EPS钢丝网架板的厚度应由设计确定,且厚度不应小于40 mm。该厚度是指板面凸槽顶部到板底之间的距离,设计在确定厚度时宜考虑凹槽对保温效果造成的影响。

5.1.3 本系统采用"U"形Φ6锚固钢筋代替"L"形Φ6锚固钢筋,其目的是在植入钢丝网架板时让锚固钢筋能平整就位固定,有利于墙体支模。

5.1.4 本系统水平和垂直抗裂分隔缝应视工程的具体情况,结合建筑的外观和造型合理设置,但水平抗裂分隔缝设置不宜超过3个自然层。

5.1.6 粘贴饰面砖必须采用专用砂浆或粘结剂；如果采用外墙涂料饰面，建筑外墙用腻子必须采用与外墙涂料及抹灰层相匹配的柔性腻子。

5.2 技术要求

5.2.1 EPS 钢丝网架板技术要求：一是板材的质量控制、几何尺寸和板面凹槽的要求；二是 EPS 钢丝网架板尺寸、斜插腹丝的定位控制。

5.2.3 对飘窗，凸窗的顶板、侧板，台板及空调室外机搁板等凸出外墙面的热桥部位，为防止室内结露、返潮和霉变，提出了四川严寒、寒冷和夏热冬冷地区对上述部位传热系数的限值。

6 施 工

6.1 施工准备

6.1.1 施工人员应在充分熟悉设计图纸、规程、规范后进行会审工作,在此基础上由技术人员编制专项施工方案,绘制各层及标准层 EPS 钢丝网架板的排版图、构造节点图等。

6.1.2 材料准备

1 在提供产品合格证和检验报告的基础上,进场的 EPS 钢丝网架板还需旁站现场抽样进行检验,符合相关要求后才能进行施工。

2 在现场制作"U"形 Φ6 锚固钢筋,锚固钢筋混凝土外露部分应刷防锈漆。

4 EPS 钢丝网架板堆放应采取防潮遮雨措施。

5 在墙筋靠 EPS 钢丝网架板侧必须绑扎预制砂浆垫块,不得采用塑料卡。

6.1.3 施工现场制作非标板时,应搭设切割 EPS 钢丝网架板的专用操作平台,使用专用的切割工具及穿孔工具,以防止发生火灾事故,施工现场不宜采用电烙铁引孔。

6.2 施工工艺

6.2.1 施工工艺流程图中规定了 EPS 钢丝网架板外墙外保温系统工程施工工艺流程,应严格按施工工艺流程规定施工,合理安排,保证各工序间的衔接,确保施工质量。

6.2.2 本条对垫块的设置做出了具体的要求。

6.2.3 EPS 钢丝网架板安装要点

1 EPS钢丝网架板安装前，外墙钢筋绑扎已完成，根部建渣及时清理干净，复核控制线是否正确。

　　2 EPS钢丝网架板上斜插腹丝与钢筋发生碰撞时，可用钳夹微调腹丝角度，不得徒手用力扳动腹丝，造成EPS板损坏。

　　3 排版切割出现需平口拼接EPS钢丝网架板时，切割平直，缝间应用发泡聚氨酯密封，防止浇筑混凝土时漏浆。

　　4 "U"形ϕ6锚固钢筋的设置要求。

　　5 附加钢丝网中心线与板缝严格对中，附加钢丝网与面网接触平顺，不得翘角、起拱，不得有短铺和漏扎等缺陷。

　　6 EPS钢丝网架板安装要求。

　　7 对EPS板对接的要求。

6.2.4 模板安装前，应对已安装的EPS钢丝网架板进行检查验收，合格后才能安装模板，模板施工质量应符合《混凝土结构工程施工质量验收规范》GB 50204的要求。

6.2.5 浇筑混凝土前，所有隐蔽工程已验收合格，混凝土施工质量符合《混凝土结构工程施工质量验收规范》GB 50204的要求。

　　1~2 混凝土浇筑前，所有隐蔽工程已验收合格。在混凝土下料部位设置导流板，其目的是防止混凝土下料过程中浆料溅落在模板及EPS板之间的空隙中，严禁泵管正对EPS钢丝网架板下料。

　　3 为保证混凝土浇筑质量，应严格控制混凝土分层高度，分层高度应控制在1000 mm以内。

　　4 对混凝土缺陷处理的要求。

6.2.6 外墙EPS钢丝网架板抹灰要点

　　1~3 抹灰层施工前，EPS钢丝网架板表面的污染如混凝土浮浆等应清理干净，对板面上界面砂浆缺损应及时补喷；穿墙套管处应将套管在混凝土面切割并用抗渗水泥砂浆封堵，然后用聚氨酯发泡剂或保温砂浆对缺损的EPS板进行修补；缺棱掉角处应采用聚氨酯发泡剂或保温砂浆进行修补；预留洞口可用抗渗水泥砂浆及实心砖或混凝土封堵密实，然后用聚氨酯发泡剂或保温砂浆对缺损的 EPS 板进行修补。

  4 饰面砖应采用专用粘结砂浆或粘结剂粘贴，不得采用普通水泥砂浆作为粘结材料。

  5 耐碱玻璃纤维网布周边搭接不小于 100 mm，网布铺贴顺直，不得有起皱、翘角、外露等缺陷。

7 施工质量验收

7.0.5 本条列出了通常应该进行隐蔽工程检查验收的具体部位和内容。当施工中出现本条未列出的内容时,应在施工组织设计或施工方案中对检查验收内容加以补充。

需要注意,本条要求检查验收不仅应有详细的文字记录,还应有必要的图像资料,这是为了利用现代科技手段更好地记录本子分部工程的真实情况。对于"必要"的理解,可理解为有本子分部工程全貌和有代表性的局部(部位)照片。其分辨率以能够表达清楚受检部位的情况为准。照片应作为本子分部工程验收资料与文字资料一同归档保存。

7.0.6 本条要求施工单位安装 EPS 钢丝网架板时应做到位置正确、安装方向正确、与墙体(梁)绑扎牢固、拼缝严密。在浇筑混凝土过程中应采取措施并设专人照看,确保 EPS 钢丝网架板不移位、不变形、不损坏、不嵌入混凝土内,EPS 钢丝网架板面不漏浆等。

7.0.8 混凝土成型拆模后,若发现保温层有缺损、变形,应将缺损、变形处剔除,用其他保温材料进行修补;若发现 EPS 钢丝网架板表面有漏浆,应轻轻将漏浆敲掉(敲打过程中不得损伤 EPS 钢丝网架板及钢丝),确保抹灰层与 EPS 钢丝网架板连接牢固;若漏浆较多,应检查对应部位的混凝土墙(梁)内侧的混凝土是否有疏松等缺陷;若发现 EPS 钢丝网架板嵌入混凝土墙(梁)内,应将其彻底剔除,并应通知建设、设计、监理等有关单位到场检查,共同商定处理方案,对混凝土墙(梁)进行补强处理。

另外,对固定模板的拉结螺栓拆除后留下的支模孔应加强检查。